法国经典科学探索实验书

水的奥秘

法国阿尔班·米歇尔少儿出版社 / 著·绘

欧 瑜 / 译

中信出版集团 · 北京

图书在版编目（CIP）数据

水的奥秘 / 法国阿尔班·米歇尔少儿出版社著绘；
欧瑜译 . -- 北京：中信出版社，2018.9
ISBN 978-7-5086-8240-2

Ⅰ.①水… Ⅱ.①法…②欧… Ⅲ.①水 - 少儿读物
Ⅳ.① P33-49

中国版本图书馆 CIP 数据核字 (2017) 第 253078 号

Les expériences-clés des Petits Débrouillards –L'eau
© 2014, Albin Michel Jeunesse
Simplified Chinese edition arranged by Ye Zhang Agency
Simplified Chinese translation copyright © 2018 by CITIC Press Corporation
ALL RIGHTS RESERVED.
本书仅限中国大陆地区发行销售

水的奥秘

著 绘 者：法国阿尔班·米歇尔少儿出版社
译　　者：欧　瑜
出版发行：中信出版集团股份有限公司
　　　　　（北京市朝阳区惠新东街甲 4 号富盛大厦 2 座　邮编　100029）
承 印 者：鹤山雅图仕印刷有限公司

开　　本：880mm×1230mm 1/16　　　印　张：6　　　字　数：69 千字
版　　次：2018 年 9 月第 1 版　　　　印　次：2018 年 11 月第 2 次印刷
京权图字：01-2016-7232　　　　　　广告经营许可证：京朝工商广字第 8087 号
书　　号：ISBN 978-7-5086-8240-2
定　　价：38.00 元

目 录

实验指南

你需要的是耐心、幽默和毅力！
某些实验，你尽可以反复去做，或是和家人、朋友分享。

★☆☆
非常容易
实验做起来很快，或几乎不需要什么材料，或容易理解。

★★☆
简单
实验需要一定的专注力，你可以从中了解并领会完整的科学现象。

★★★
复杂
实验既耗时又费材，或描述了复杂但令人着迷的科学现象。

根据使用物品的不同，某些实验需要在一名成年人的协助下才能完成得更顺利和更安全。

这类实验会标有以下提示：

"这个实验需要在成年人的陪同下完成。"

第一章

千变万化的水

水，是地球上含量最丰富的物质之一，也是我们在日常生活中最常使用到的物质。饮用、烹饪、洗澡、洗碗、消暑……水的用途非常广泛，可谓一言难尽，如果再算上工业用途和农业用途，就越发数不过来了。实际上，我们很难找到在生产过程中不会用到水的物品。

所有的生命有机体，包括我们人类在内，都是由水及其他物质构成的，而且需要水来维系生存。

正是因为在地球上大量存在和自身的卓越特性，水才变得如此重要，水的用途才变得如此丰富。水具有独一无二的特性，我们将在本章中通过不同的实验去了解这些特性：水能够溶解许多种物质（溶解能力），水在遇热和遇冷时的反应，水的浸润特性……

早在地球形成时，水就已经存在了。水，对我们所知的生命起源和生命在这个星球上的延续是必不可少的，对于人类和所有生命有机体的生存是至关重要的。水会在不同的天然水库（海洋、冰川、江河、大气、生命有机体、地下水等）中不断循环。

尽管人类对水的研究至今已有数百年之久，但水依旧神秘莫测，因此，很多科学家（物理学家、化学家和生物学家）仍然在不断努力，试图洞悉更多有关水的秘密。这些知识可以让我们更好地了解水是如何为生命所用的，了解如何更好地利用和保护水资源。

01 地球上的水

地球表面有三分之二的面积被水覆盖。
可这么多的水都在哪里呢？

1.需要什么？

一个玻璃杯

盐

自来水

一把咖啡勺

染色剂
（墨水或食用色素）

一台冰箱

一个制冰盒

2.做什么？

2 在此期间，把杯子洗干净，接满自来水。在水中加入两至三勺盐，并用力搅拌。

1 将染色剂倒入杯中的水里，然后将混合后的液体倒进制冰盒，再把制冰盒放进冰箱的冷冻室里。等待冰块形成。

3 冰块制好后，取出一块放在杯中的水面上。等待几秒钟。

发生了什么？

3.什么原理?

冰块融化生成的淡水（没有盐的水）停留在咸水的表面。你之所以看得到这些淡水，是因为它被染上了颜色。因为淡水比咸水的**密度小**，所以淡水浮在了咸水的上面。

我们可以勾勒出一幅**水在地球上分布**的画面：地球上的水有97%都是海洋里的咸水。淡水主要以冰川的形态存在，分布在北极和南极。液态淡水的占比极低，它们分布在各个大陆的河流、湖泊和地下。

4.有什么用?

水在地球上各个巨型天然水库中循环，这就是**水循环**。

这些天然水库有：

- 海洋中的液态咸水——这是地球上最大的天然水库
- 地表的液态淡水（河流、淡水湖、沼泽）
- 地下淡水
- 冰川
- 大气中的水（水蒸气）
- 生命有机体中的水

水循环是由**太阳能**带动的，也就是说，水循环的能量来自太阳：太阳能促成地表水的蒸发，从而导致了水从一个天然水库到另一个天然水库的一系列交换，**地球上水的总量保持恒定不变。**

02 制造露珠

在空气中，水以肉眼不可见的气体形式存在，也就是水蒸气。

那么，我们如何去验证这一点呢？

1.需要什么？

一个玻璃杯

一台冰箱

一块干抹布

2.做什么？

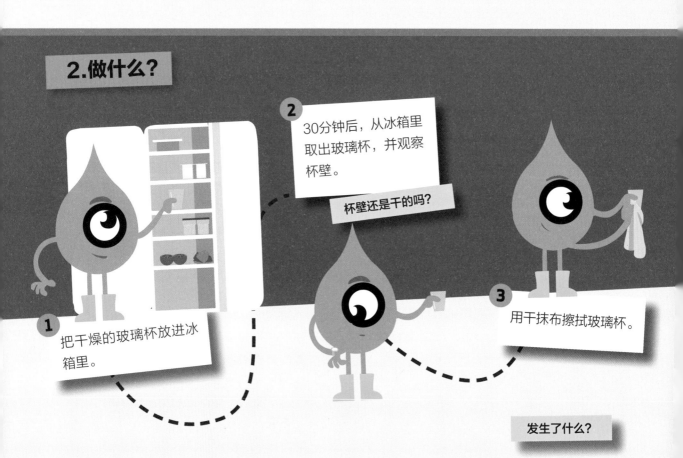

2 30分钟后，从冰箱里取出玻璃杯，并观察杯壁。

杯壁还是干的吗？

1 把干燥的玻璃杯放进冰箱里。

3 用干抹布擦拭玻璃杯。

发生了什么？

3.什么原理?

玻璃杯上形成了一层水汽，如果你把水汽擦去，它马上又会再次出现。冰箱和房间里的空气中含有水，这些水以肉眼不可见的气体形式存在：水蒸气。

水蒸气在与冰冷的玻璃杯发生接触时会凝结。也就是说，水蒸气收缩并形成液态小水珠，附着在玻璃杯的杯壁上。在凉爽的夜晚，在野外的植物或石块表面也会形成这样的小水珠，也就是我们所说的"露珠"。

4.有什么用?

空气中的水，要么形成了云雾中的液态水滴，要么形成了**水蒸气**。假设地球上有1 000升淡水，那么其中有970升来自海洋，而来自大气的只有一杯酸奶那么多。听起来似乎很少，但这个水量已经比来自河流的水量要多出5倍了！剩下的淡水（大约30升）来自冰川、永久积雪和地下水。

03 给气球洗澡

摩擦气球的表面，气球就能把一些物品吸住，比如小纸片、碎屑、灰尘或头发。那么，气球能吸住水吗？

1.需要什么？

一只气球　　　　一个水槽

2.做什么？

1 吹起一只气球，拿着它在毛衣、运动衫、你的头发或是墙上摩擦。

2 把气球靠向水龙头流出的细小水流。

水发生了什么变化？

3.什么原理?

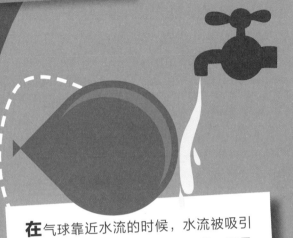

摩擦气球会产生静电,也就是说,气球粘上了来自织物、头发或墙壁的物质微粒,我们把这些微粒叫作电子。摩擦过的气球表面附着了大量的电子,正是这些堆积的电子把水吸引了过来。

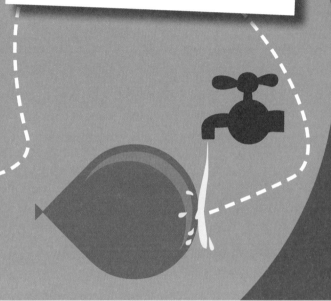

在气球靠近水流的时候,水流被吸引了过去。这时水流不再垂直下落,而是朝着气球偏移。如果气球贴得离水流很近,甚至会有水滴跳到气球上去!

4.有什么用?

水流被摩擦过的气球吸引了过去,也就说,水分子都被气球吸引了过去,它们成了"**带电的**"水分子。实际上,水分子是电中性的,但包含两极,一极的电荷比另一极的电荷要多。一个水分子上电荷多的那一极,对另一个水分子电荷少的那一极形成了强烈的吸引。正是因为水分子这种**极性**的存在,才令水能够溶解很多物质,比如盐、糖和咖啡,由此也成为了对生命至关重要的**溶剂**。

04 相亲相爱的水滴

细小无比的水滴是如何聚成云朵的？
这些水滴能否形成滂沱大雨呢？

1.需要什么？

两把刀　　一个玻璃杯　　自来水

2.做什么？

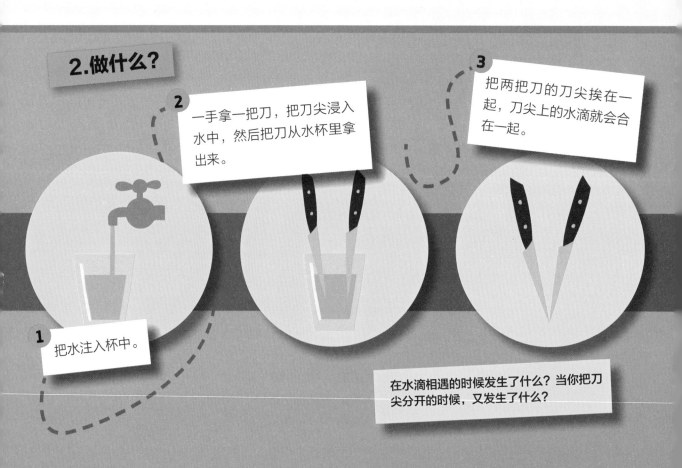

1 把水注入杯中。

2 一手拿一把刀，把刀尖浸入水中，然后把刀从水杯里拿出来。

3 把两把刀的刀尖挨在一起，刀尖上的水滴就会合在一起。

在水滴相遇的时候发生了什么？当你把刀尖分开的时候，又发生了什么？

3.什么原理?

当两颗水滴相触时，水分子之间的吸引会令它们完全融为一体，形成一颗大水滴。刀尖分开的时候，水就像松紧带那样被拉开了，然后脱离了其中一把刀的刀尖。这时只有一个刀尖上剩下了一颗大水滴，而另一个刀尖上已经几乎没有水了！如果剩下的那颗水滴足够大，它就会从刀尖上滴落下来。**肉眼无法看到的水分子聚集起来**形成了水滴，因为它们之间有很强的吸引力。

这种吸引力可以让水滴与附在刀尖上的水合在一起。只有在水滴大到刀尖上水的吸引力"拉"不住它时，水滴才会坠落下来。

4.有什么用?

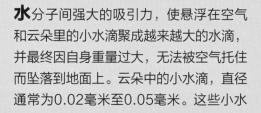

水分子间强大的吸引力，使悬浮在空气和云朵里的小水滴聚成越来越大的水滴，并最终因自身重量过大，无法被空气托住而坠落到地面上。云朵中的小水滴，直径通常为0.02毫米至0.05毫米。这些小水滴通过聚合或是吸收周围的水蒸气后，直径可以达到0.5毫米。如果这些水滴在这个时候坠落，我们就把由此而形成的降水称作**毛毛雨**。而形成倾盆大雨的水滴，其直径则在0.5毫米到5毫米之间。

05 净水还是脏水?

我们看到的水,是纯净无瑕的吗?

1.需要什么?

两个玻璃杯　　　厨房纸巾　　　自来水

2.做什么?

2 等待三分钟,然后把杯子里的水全部倒进水槽里。

3 用厨房纸巾使劲把其中一个杯子擦干净,然后把两个杯子并排放在一起。等待另一个杯子干透,然后仔细观察。

1 把两个玻璃杯仔细擦干净,然后注入水。

你发现两个玻璃杯的杯壁有什么不同吗?

3.什么原理?

自行干透的杯子的杯壁看上去有些脏。因为水不是纯净无瑕的,水里总是会含有诸如杂质或矿物质等成分。

这些成分并没有随着水蒸发掉,而是留在了杯壁上。这些成分留下得越多,脏痕就越明显。用厨房用纸擦拭杯子,就把水和水中包含的成分一起擦掉了。

4.有什么用?

不要过多饮用纯净水(蒸馏水),因为我们的身体里含有很多水,而这些水并不是纯净无瑕的。实际上,我们的机体也需要这些溶解在水中的**矿物质**(多亏了水的**溶解能力**),才能够维持正常的运转。所以,我们饮用的水,不管是自来水还是瓶装水,始终都是含有一些杂质的!你要是不信,只要看看瓶装水瓶身上的标签就知道了:上面标有多种矿物质的名称。

06 剧烈运动的热量

为什么糖在热水中要比在冷水中溶化得更快？

1.需要什么？

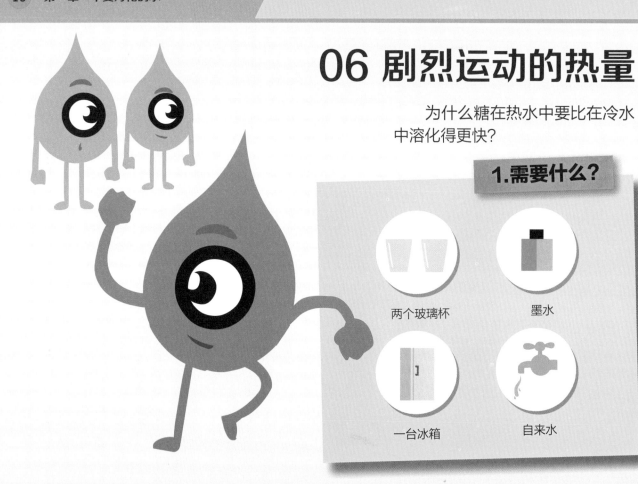

两个玻璃杯

墨水

一台冰箱

自来水

2.做什么？

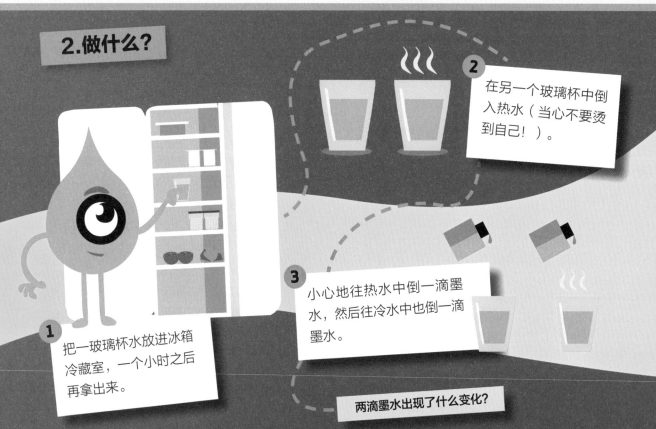

2 在另一个玻璃杯中倒入热水（当心不要烫到自己！）。

1 把一玻璃杯水放进冰箱冷藏室，一个小时之后再拿出来。

3 小心地往热水中倒一滴墨水，然后往冷水中也倒一滴墨水。

两滴墨水出现了什么变化？

3.什么原理?

在冷水中,墨水会缓慢地散开;而在热水中,墨水则会很快形成一摊墨迹,然后完全溶于水中。

水越热(所有的液体都是一样),构成水的微小颗粒,也就是我们所说的"分子",运动得就越剧烈。剧烈运动的水滴带动了墨水滴。

4.有什么用?

因为热水的分子要比冷水的分子运动得更加剧烈,所以热水就更容易混合或**溶解**盐、糖或巧克力;同理,如果热腾腾的工业废水(化工厂、造纸厂、发电站等产生的废水)被排放进河里,一些污染物就会更容易混合在受热的河水中。但是,另一些物质,比如水垢或硫酸,则**在冷水中要比在热水中更容易溶解**。

07 把手放进袋子里

我们都知道，水会把人向上推，所以我们才能在水面上游动。

那么，水只会向上推吗？

1.需要什么？

一个塑料
购物袋

一个盆
（或水槽）

一根橡皮筋

自来水

2.做什么？

把你的手放到塑料购物袋里，用橡皮筋在手腕处扎住袋口，然后把套着购物袋的手浸入盆里的水中。

你感觉到了什么？

3.什么原理?

□袋粘在了你的手上，就好像它受到了手的吸引一样！水有重量，我们往杯中倒水时可以感觉到这种重量：杯子变沉了。而之所以我们在水里时感觉不到这个重量，是因为水从四面八方朝我们挤压过来。

购物袋里有空气，而空气的密度小于水的密度。所以，当我们把套着塑料袋的手浸到水里时，袋中的空气就会向盆的上方升起（浮起来），于是袋子就会在水的推动下向手贴过去。

4.有什么用?

我们在水中时，水会对我们的身体施加**压力**，比如会挤压我们的肺部和肺里的空气，在水下10米的深度，我们几乎无法呼吸到周围（水面之下）来自大气的空气。因此，被水挤压着的潜水员必须呼吸跟四周水压相等的**压缩空气**，而固定在水肺气瓶上的**调节器**的作用，就是把气瓶中的压缩空气调节得与周围水压相等，再输送给潜水员。

08 重量轻才不会沉底吗？

1千克油比10克水重。

那么，谁会浮在上面，是重的那个，还是轻的那个？

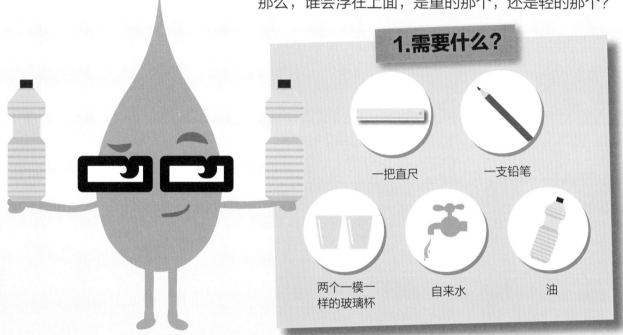

1.需要什么？

一把直尺

一支铅笔

两个一模一
样的玻璃杯

自来水

油

2.做什么？

1 往一个玻璃杯中倒入两指高的水。往另一个玻璃杯中倒入四指高的油。

2 把铅笔放在桌面上，再把直尺放在铅笔上，使直尺两端的长度相等，这样就做成了一个天平。然后把两个杯子放在天平的两头，比较这两个装有液体的杯子的重量。

3 然后把水倒进装着油的杯子里静置一会儿。

哪种液体浮在了上面？

3.什么原理？

水沉到了杯底。但是，在"做什么？"中，天平显示油的质量要比水的质量大。在这里，起到决定性作用的不是重量，而是密度。

实际上，1升的水要比1升的油重，所以，水的密度要比油的密度大。无论有多少水，也无论有多少油，沉到杯底的始终都是水。**因此，沉底的不一定是最重的，而是密度最大的！**

4.有什么用？

发生石油泄漏时，由于石油中所含汽油的密度要低于海水的密度，所以会浮到水面上，并造成污染。同时石油中还含有密度高于海水的物质，比如沥青，这种物质会对海水底层造成污染。

石油泄漏，是海洋中所有水层的大灾难！

09 船沉啦!

我们在什么时候可以确定一艘船就要沉没了?

1.需要什么?

一个塑料杯

一把圆规

一个大果酱瓶的瓶盖

一个盆（或水槽）

一个玻璃杯

2.做什么?

2 把塑料杯倒过来，底朝上放在果酱瓶盖上。用手把杯子紧压在瓶盖上，把它们一起浸入装满水的盆里，让水刚刚没过塑料杯的杯底。

1 用圆规尖在塑料杯的底部扎一个洞。

仔细观察塑料杯中的变化。

3.什么原理？

水经过杯沿和瓶盖间的缝隙流进了塑料杯。当塑料杯里的水位与盆里的水位齐平时，瓶盖就沉底了。就像船只一样，如果我们把瓶盖放在水面上，它就会漂起来，但如果把瓶盖浸入水中，它就会沉下去。

瓶盖一开始不沉，是因为水对它的**浮力**要大于瓶盖的重量加上塑料杯里的空气和水的重量。一旦流进塑料杯里的水达到了盆中水的水位，瓶盖就会沉底，因为它比水的密度大，而此时它受到的向上的浮力小于瓶盖的重量及塑料杯中空气和水的重量。

4.有什么用？

大型船只的船身上刻有**吃水线**。在大多数情况下，根据船只运载的货物和航行水域水的密度的不同，船身上会刻有好几条吃水线。在遭遇风暴时，如果不想沉船（就像实验中的瓶盖），就要保持相应吃水线始终位于水面以上。

10 船浮起来啦!

我们如何能让钢铁甚至是混凝土打造的船只浮起来呢?

1.需要什么?

橡皮泥   一碗水

2.做什么?

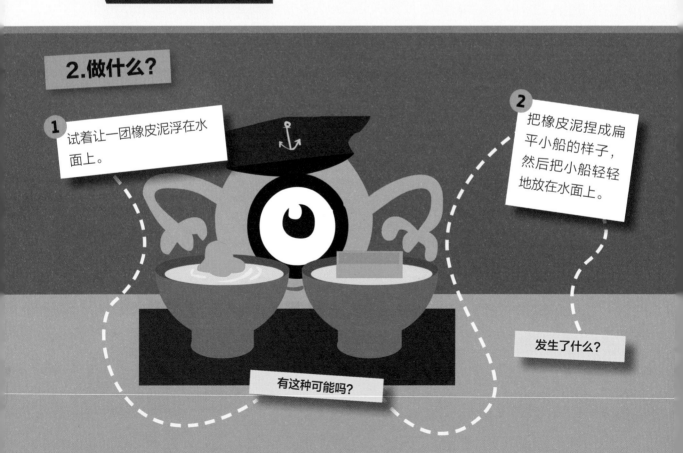

1 试着让一团橡皮泥浮在水面上。

2 把橡皮泥捏成扁平小船的样子,然后把小船轻轻地放在水面上。

发生了什么?

有这种可能吗?

3.什么原理？

真是出人意料：捏成小船样子的橡皮泥浮了起来！由此可知，由于形状不同，一件物品可能沉没或浮起。水会把水中所有的物体向上推，水在向上推时所施加的力，等于没入水中的物体所排开的水的重量。

橡皮泥团排开了同等体积的"水团"，但是，因为橡皮泥团要比"水团"重，所以它沉了下去。相反，把这块橡皮泥团捏成小船的样子，它排开的水的体积就要比之前排开的水的体积大，也就是说，充满了空气的橡皮泥小船，要比它排开的水轻，所以它浮了起来。

4.有什么用？

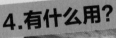

2 200多年前，古希腊学者阿基米德（Archimède）首次提出了浮力原理，因此这种原理也被称为阿基米德原理。阿基米德原理是这样表述的："所有浸在流体（液体或气体）中的物体（物品）受到竖直向上的浮力，其大小等于物体所排开流体的重力。"建造船只的人早就明白了这个道理，因为他们成功地让载有砂石或其他极重货物的钢铁巨轮漂浮在了水面上。

第二章

水，一种需要保护的珍贵资源

在我们的日常生活中，水无处不在：它天然地存在于河流、海洋和我们呼吸的空气之中，而且是构成所有生命体的基本物质之一。

随着供水网络的不断发展，水走进了千家万户（至少在发达国家或新兴国家是这样），只要拧开水龙头，就可以随意取用。

水处在不停的循环之中：在不同的气候条件下，水从液态（海洋、河流……）变为气态（大气中的水蒸气）或固态（冰雪）。有赖于这种循环，水得以不断更新，并参与形成了大环境的平衡，令地球成为了人类可以居住的星球。

在整个循环过程中，潜水层和泉水中的淡水自然而然地被不断过滤和清洗，从而形成了自然界中的饮用水。

这种我们在日常生活中使用的淡水，只占到了地球上水的极少部分（3%）。这些淡水正越来越多地遭到各类污染物的侵害和过度消耗，这些污染大多源自人类的活动，而且在发达国家，人均用水量不断攀升。

这些污染令水的处理变得越来越困难，费用也越来越高昂：被污染的水导致生态系统不断恶化，对以此为生的动植物群落造成了巨大的危害……幸运的是，保护这些对我们和后代子孙来说无比珍贵的水资源，依然有方可循。

我们将在本章中了解到不同的机制，它们不仅对淡水资源和海洋造成污染和损害，而且还对与水资源息息相关的生物多样性造成重大影响。我们还会在本章中介绍不同的节水方法，以及如何负责地使用水资源，如何避免污染水资源，如何把水变得可以供人饮用。

01 水从哪里来？

我们可以在河流、湖泊、小溪、瀑布中找到水。
可泉水是从哪里来的呢？

1.需要什么？

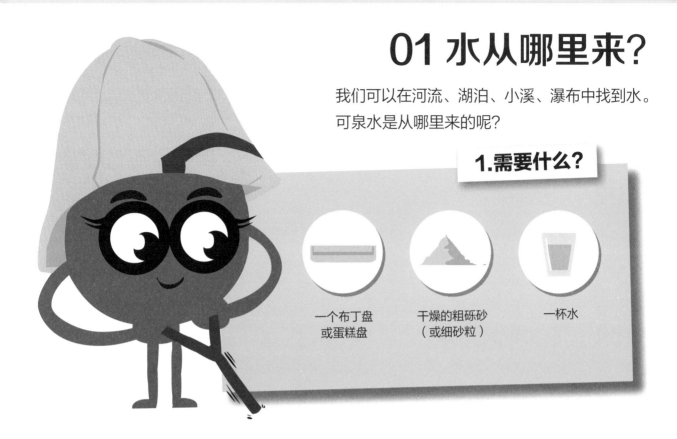

一个布丁盘
或蛋糕盘

干燥的粗砾砂
（或细砂粒）

一杯水

2.做什么？

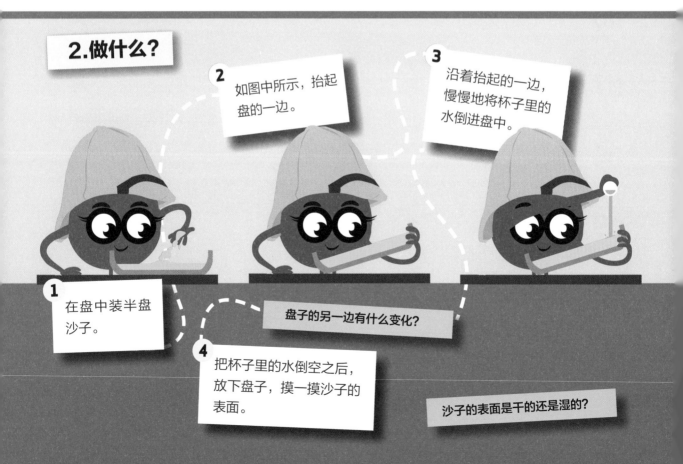

1 在盘中装半盘沙子。

2 如图中所示，抬起盘的一边。

3 沿着抬起的一边，慢慢地将杯子里的水倒进盘中。

盘子的另一边有什么变化？

4 把杯子里的水倒空之后，放下盘子，摸一摸沙子的表面。

沙子的表面是干的还是湿的？

3.什么原理？

倒进盘中的水从盘子低的那边流进了水槽，高处的沙子表面仍是干的。沙子具有透水性，也就是说，水可以流过沙子；而盘子则相反，没有透水性，水无法流过。所以，水在流过了沙层之后，继续沿着倾斜的盘子流淌，从盘子的另一头流了出来。山中的泉水就是这样出现的：水躲藏在具有透水性或有裂缝的岩石里，然后遇到了不透水的岩石层，于是在岩石层上流动。如果水在倾斜的一边找到了出口，就会喷涌而出，形成泉水。

4.有什么用？

一部分雨水穿过具有透水性或有裂缝的岩层，渗透到地表下的岩层，在遇到不透水的岩层时，就会停止向下渗透。这部分水在遇到不同的岩石层时，要么溶解岩石形成**地下河**，要么浸透沙层或在多孔岩中另辟蹊径（水在多孔岩中会形成微型沟渠）。总而言之，就像河流那样，这些地下水会在自身重量的引导下，一路奔海洋而去。三分之二的淡水包含在冰川和"永久"积雪中，藏于地下的淡水含量位居第二：**将近三分之一！** 我们可以在水井中找到地下水，从这些水井中获取的水，可以作为居民用水和工业用水。

02 你的用水量是多少？

每人每天大约需要喝2升水，才能保持良好的健康状态。

那么，除了喝，人类还用水干什么呢？

2.做什么？

找到与下列每种行为相匹配的用水量。

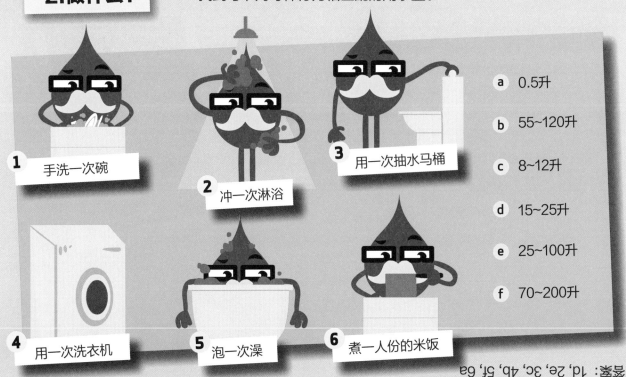

1 手洗一次碗

2 冲一次淋浴

3 用一次抽水马桶

4 用一次洗衣机

5 泡一次澡

6 煮一人份的米饭

a 0.5升

b 55~120升

c 8~12升

d 15~25升

e 25~100升

f 70~200升

答案：1d, 2e, 3c, 4b, 5f, 6a

3.什么原理？

你瞧，为了保持良好的健康状态，法国人每天的用水量可远远不止2升！从b到f，每个行为的用水量都在一定的范围中，也就是说，我们在每种行为中可以少用或多用水。想要避免浪费水（或节省水费），最好合理安排，尽量降低用水量，并优先使用具有节水功能的电器，尤其是在不用水的时候，不要让水白白流淌。

4.有什么用？

在法国，一个人用掉的100升水中，4升用于进食和烹饪，25升用于洗漱，剩下的（71升）用于使用卫生设备（抽水马桶、洗衣机……）。平均来说，一个法国人的**日均用水量为200升**（一个美国人则为350至400升）。也就是说，一个法国人的用水量，是我们这个星球上那些贫穷、干燥和炎热的国家中一个居民用水量的**100倍**。虽然看起来似乎储量很丰富，但其实地球上的**淡水是稀缺资源**；对淡水进行处理和提纯的费用相当高昂。保护和珍惜淡水资源，对我们每个人都大有好处。

03 节约洗碗用水

怎样才能在洗碗时少用一些水呢？

1.需要什么？

一个水槽

一块洗碗
海绵

环保洗碗液
（可生物降解）

五个盘子

五把餐叉

一个空水瓶

2.做什么？

4 用水瓶接水，灌满半个水槽
（数数你灌了几瓶水）。

1 在空水瓶中灌满水。在海绵上挤三滴洗碗液，然
后用水瓶里的水把海绵浸湿。

你需要几瓶水？

2 用海绵擦洗盘子和餐叉，
同时用力挤压海绵，以产
生丰富的泡沫。

3 用水瓶里的水把盘子一个一个地
冲洗干净，然后把餐叉一次两到
三把地冲洗干净（水瓶倒空时就
再次灌满）。

你洗碗用掉的水
的瓶数多，还是
灌满半个水槽用
掉的瓶数多？

3.什么原理？

用流水来浸湿海绵和清洗碗碟所用掉的水，要比灌满半个水槽的水少得多。因此，如果舍弃在水槽里泡洗这种很常见的洗碗方式，

我们就可节省更多的水。只需要在盘子上粘有食物残渣的地方放一点儿水就可以了。

4.有什么用？

用手洗碗时，稍不注意就会比用洗碗机用掉更多的水（但省电）。但是，如果在手洗时注意节水，就能比使用洗碗机节省更多的水！

在用机器进行洗涤时，无论是洗碗还是洗衣，最好等待洗物放满后再开动机器。实际上，对许多全自动设备来说，机器无论是空的还是满的，它所耗费的水量都是一样的！正是出于这一点考虑，厂家才设计出可以设定"经济洗涤"挡位的机器。

04 节水型抽水马桶

在我们按下马桶的冲水键时，会冲掉8至12升水。

真的每次都有这个必要吗？

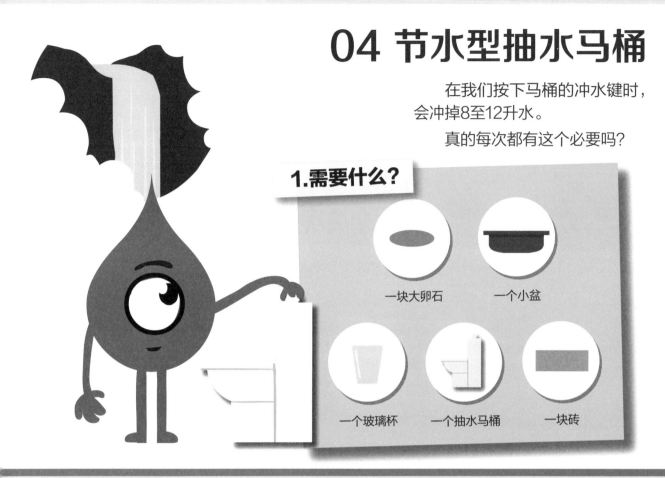

1.需要什么？

一块大卵石

一个小盆

一个玻璃杯

一个抽水马桶

一块砖

2.做什么？

这个实验需要在成年人的陪同下完成。

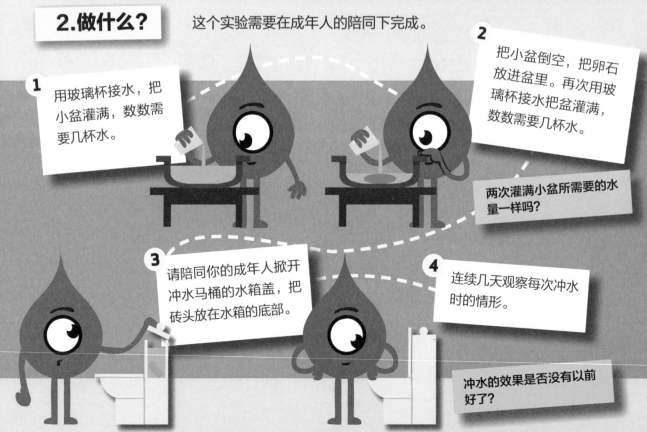

1 用玻璃杯接水，把小盆灌满，数数需要几杯水。

2 把小盆倒空，把卵石放进盆里。再次用玻璃杯接水把盆灌满，数数需要几杯水。

两次灌满小盆所需要的水量一样吗？

3 请陪同你的成年人掀开冲水马桶的水箱盖，把砖头放在水箱的底部。

4 连续几天观察每次冲水时的情形。

冲水的效果是否没有以前好了？

3.什么原理?

显然,灌满放了卵石的小盆所需要的水量更少。这是因为卵石占去了盆里的一部分空间,所以灌满小盆所需的水量就减少了。

同理,放了砖块的冲水马桶水箱,里面的水量也减少了,但冲水效果跟没放砖块时一样好!

这就是一种节水的方法。

4.有什么用?

如今越来越多的厂商推出了配备节水系统的抽水马桶,借助这些系统,我们可以选择用多一点或少一点的水冲马桶。这样一来,如果只是冲小便,我们就不需要用掉水箱里所有的水,用一半就足够了。这样做,**每年可以节约3 000升水!** 其实如果真的想要节水,还可以将平时洗手、洗衣服用过的水积攒下来,用来冲厕所。

05 什么是污染?

我们常会说到污染。

那么，如何判断水是否受到了污染呢?

1.需要什么?

一个沙拉盆

一支黑色的记号笔

自来水

一把咖啡勺

两个一模一样
的透明玻璃杯

有颜色的糖浆

一张白纸

2.做什么?

这个实验需要在一个昏暗的房间内进行。

2 往玻璃杯里放两勺糖浆，再往沙拉盆里放两勺糖浆，搅拌均匀。

3 用沙拉盆里的水倒满另一个玻璃杯。分别把两个玻璃杯放在"×"的上面，并观察它。

1 在一个玻璃杯和沙拉盆里倒满水。在白纸上画一个小"×"。

你透过两个玻璃杯观察"×"的效果是一样的吗?

3.什么原理？

透过装着沙拉盆中水的玻璃杯看"×"要更清楚。由此我们可以想见，把有颜色的液体灌进水塘（装水较少的玻璃杯）或湖泊（装水较多的沙拉盆）里会是一番什么景象。所谓的"污染"，就是某个地方原本含量很少的某种物质大量出现。

例如，海水中本就含有水银，但含量极其微小。如果某家工厂通过往近海的河流中排放废料而增加了海水中水银的含量，这些水银就会被鱼类和贝类吸收，而食用了这些鱼类和贝类的人就会因此而中毒。

4.有什么用？

很多污染物都是肉眼无法看到的。我们仅用双眼是检测不到这些污染物的，必须**借助适合的测定工具**。一些物质对水里的生物具有危害性，比如磷酸盐以及很多洗涤剂和去污剂中所含的成分。还有一些物质虽然不具有危害性，但会令水体的颜色加深，令水生植物无法获取阳光来制造出赖以为生的能量。如果这些植物因此而死亡，那么食用这些植物的动物也会跟着死亡。被污染的不仅仅是水，还有空气。空气中天然含有少量的二氧化碳，但工业活动和行驶的汽车会大大增加空气中二氧化碳的含量，从而对大气造成污染。此外，在城市或靠近大型工业企业的地方，噪声往往会形成危害，也就是我们所说的"噪声污染"。

06 河流被污染了吗？

一条河流里住着很多居民，比如说植物、鱼类，还有很多小动物，比如昆虫和它们的幼虫。

1.需要什么？

一双靴子

一个抄网

三个塑料杯
（或带盖的塑料盒）

两个水盆

一个放大镜

2.做什么？

这个实验需要在仲春或中秋时节进行。

1 在河流或溪流中选择两个地点（比如城市或村庄的上游和下游）。

3 把捕获的小动物小心地放进装满水的塑料盒或塑料杯中，注意把来自两个不同地点的小动物分开放置。

4 把塑料盒或塑料杯中的捕获物分别倒进两个水盆中（每个地点对应一个水盆）。仔细观察你捕获的小动物，数数每个盆里有多少种。在"什么原理？"中比较两个水盆的结果。

2 用抄网和你的双手在每个地点尽量捕捞水底的小动物，别忘了在砂砾和淤泥中翻找，还有岩石下面。

你的结论是什么？

你觉得哪个地点的污染更严重？

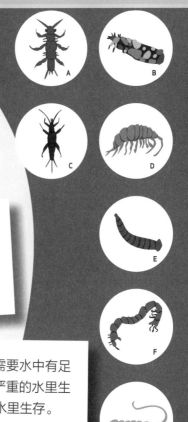

3.什么原理？

你需要找出我们所说的有污染指标物种或无污染指标物种：如果你在水底找到了水蛭，就说明这片水域受到了污染或严重污染。

实际上，水蛭（E）通常生活在含氧量低的静水中。蚊子的幼虫（F）（孑孓），又称"赤虫"，还有像蜜蜂一样的大苍蝇的幼虫（G），会到水面上来呼吸空气，所以它们不需要生活在含氧量高的水中，而且会在污染严重的水里大量聚集，比如下水道。

相反，浮游生物的幼虫（C）和小型甲壳类动物（D），则需要水中有足够的氧气，因为它们直接在水里呼吸，所以它们无法在污染严重的水里生存。最后，石蝇幼虫（A）和石蛾幼虫（B）也无法在污染的水里生存。

4.有什么用？

一些生物（植物或动物）对生存环境（水、空气、土壤）中某个物质的细微变化异常敏感，如果物质不足（比如氧气）或物质过剩（即这种物质构成了污染），它们就会死亡。生态学家、生物学家和化学家，往往会通过核查**这些生物的多少**来了解一条河流甚至近岸海域的状况。正是通过这种方法，在1978年美国油轮阿莫科·卡迪斯号（Amoco Cadiz）发生原油泄漏事件之后，研究者们通过滨螺的重新出现，观察到了法国布列塔尼北部沿海清除污染的进展情况：滨螺的寿命越长、种类越多，污染被治理得就越好。

07 生物不喜欢肥皂

洗澡或洗衣、洗碗时，使用肥皂、洗衣粉和洗涤剂会方便不少。

但是在哪里不可以使用肥皂、洗衣粉和洗涤剂呢？

1.需要什么？

一张纸

一支铅笔

一把剪刀

两杯水

洗涤剂

一把咖啡勺

2.做什么？

1 按照图中所示，剪两朵纸花。

3 把纸花的花瓣折起来，然后把纸花轻轻地放在杯子的水面上，每个杯子里放一朵。

2 在一个杯子中倒几滴洗涤剂。用咖啡勺搅拌。等待水面恢复平静。

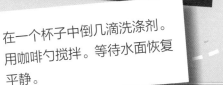

两朵纸花是否发生了同样的变化？

3.什么原理?

在装着白水的杯子中,纸花的花瓣缓缓张开。在滴入了洗涤剂的杯子中,纸花的花瓣迅速张开,但纸花立刻就沉底了!

纸是用木材、草等材料造出来的,它跟植物一样(也包括花朵),也含有细小的纤维(就像细小的导管)。这些细小的纤维具有吸水性,于是它们会吸水并让水渗进纸里(就像水渗进植物的茎秆、叶片和花瓣)。正是通过这种**毛细作用**,植物所需的水分才能从根部循环到叶片或花蕾。在白水中,最先浸湿的是纸花的底部,纸张中像导管一样的纤维会吸水发生膨胀,并伸展开来,所以纸花的花瓣才会展开(如果是真花,就会开放)。

而肥皂、洗涤剂、洗衣粉可以让水更充分地浸湿其接触到的物体(比如,如果在刷锅时不使用洗涤剂,水无法单独沾湿油和脂肪,油和脂肪也就无法与水混合,于是就留在了平底锅和手上),因此,在放了洗涤剂的水中,油污很容易被浸湿、洗净,纸纤维会迅速被浸湿,导致纸花刚一张开就沉底了。

4.有什么用?

去污剂(肥皂、洗涤剂、洗衣粉等)是一些可以导致水与本该被其推开的物质发生黏着和粘连的产品。

如果这些产品被大量倾倒入自然界,就会产生可能引发众多事故的巨大风险。比如,水生植物被过度浸湿,就有可能窒息而死,因为这样的水让它们无法呼吸。绝大部分水鸟的羽毛上都有防水物质,如果在它们生活的水域出现了这些去污产品,防水物质就无法发挥作用,水鸟就难以抖干羽毛,就有可能被闷死或淹死。水蜘蛛也一样,如果被过度浸湿,它们就无法追捕猎物了。这就是为什么我们修建了名为"净化站"的工厂,用来净化污水,让干净的水重回大自然的怀抱。

08 清洁生水

河水几乎都是不可直接饮用的。

我们把这种水称为"生水"。生水中含有大量溶解物质。

1.需要什么?

自来水

一本厚厚的书

泥土

一把咖啡勺

八个杯子
或罐头瓶

厨房纸巾

盐

2.做什么?

1
倒两杯水。在一杯水中加入一咖啡勺的盐，在另一杯水中加入两咖啡勺的泥土，调成泥水。

2
剪下两条宽10厘米、长50厘米的厨房纸巾。把两条纸拧成麻花状。

3
把两个倒了水的杯子放在厚厚的书上，这样，两个杯子就处在一个较高的位置上。在每个杯子前方的桌面上按顺序摆放三个杯子，间距为10厘米。

4
按照图中所示，将麻花纸绳浸入杯中。

一小时之后，你观察到了什么?

3.什么原理?

放在书上的两个杯子中的水，流到了六个空杯子里。水流过了像海绵一样的麻花纸绳，在从第一个杯子中流出来之后，水马上就沿着麻花纸绳的坡度流进后一个杯子里，当到达最低端时，水就开始滴落。也就是说，水会在麻花纸绳的凹陷处和末端滴落到杯中。

在泥水杯的前方，第三个杯子（距离最远的那个）里的水比第一个杯子里的水干净了许多。这是因为，厨房纸巾中含有许多细小的木头纤维，水在这些纤维中上升得很快，泥土微粒则不然。水穿过纸的距离越长，留在纸上、被过滤掉的微粒就越多。如果你尝一尝放在盐水杯前方的几个杯子里的水，你会发现水的味道依旧很咸，所以，这种方法是无法把盐过滤掉的，因为盐可以穿过纸上那些细小的纤维。

4.有什么用?

为了净化居民用水，饮用水处理站会使用**不同尺寸的过滤器**。但是，再精细的过滤器也无法过滤掉溶解在水中的**微小物质**，比如很多矿物质和一些有毒物质。这时，就必须使用**物理化学技术**来去除这些物质，比如，活性炭过滤器就可以截留这些物质。

09 净水的团块

如果我们把细细的粉末投入水中，一部分粉末会浮在水面，一部分粉末会沉底，而剩下的粉末会悬浮在水中。怎样才能把这几部分粉末聚合在一起呢？

1.需要什么？

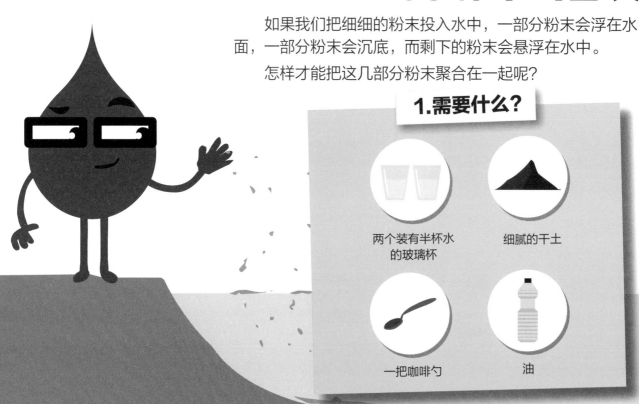

两个装有半杯水的玻璃杯

细腻的干土

一把咖啡勺

油

2.做什么？

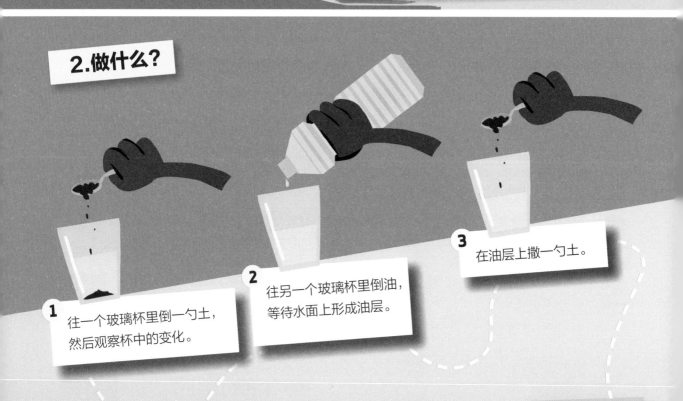

1 往一个玻璃杯里倒一勺土，然后观察杯中的变化。

2 往另一个玻璃杯里倒油，等待水面上形成油层。

3 在油层上撒一勺土。

你观察到了什么？

3.什么原理?

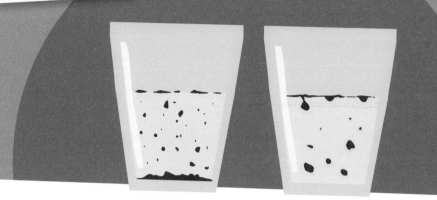

在第一个杯子中,泥土分散在三个位置:水的表面、中间和底部。但是,在第二个杯子中,当一部分土穿过油时,土就会形成一个包块,然后像袋子一样沉入杯底,而不会与水混合。我们制造出了不会把水弄脏的土块!另一部分土被锁在了水面上的油层中。油是**疏水的**,无法与水混合。在穿过油的时候,土颗粒粘附在油上,油就在土颗粒的周围形成了一个小袋,因此土颗粒就不会与水发生接触,也就不会与水混合了。

4.有什么用?

为了在污水返回自然界之前对它们进行净化处理,除了使用其他方法,污水净化站还会使用微生物来去污。有些微生物会吸附某些污染物质,由此形成很容易从水中清除掉的污染物质团块。

10 化学净水

水在从我们家中流出去时，里面混合了很多物质，比如洗涤液。

我们如何才能把这些物质去除掉呢？

1.需要什么?

4个玻璃杯 　　红醋（或其他有颜色的醋）　　小苏打　　自来水　　一把咖啡勺

2.做什么?

2 在两个玻璃杯中分别加入两勺红醋。在第三个玻璃杯中加入两勺小苏打。第四个玻璃杯中什么也不加。

1 在四个玻璃杯中注入三分之一的水。

3 在其中一个加了红醋的玻璃杯中放少许小苏打，就会有气泡形成。继续放入小苏打，直到气泡消失。尝一尝每个玻璃杯中的液体。

在加了小苏打的红醋杯中，液体尝起来是红醋的味道，还是小苏打的味道，或者是一种完全不同的味道?

3.什么原理?

液体仍然是红色的,但尝起来的味道有可能是……咸的!

当醋和小苏打混合时,会产生气体(气泡就是由它产生的)和水。我们说醋和小苏打"发生了反应",这就是一种化学反应。

因此,当反应充分完成后,这个杯子里就只剩下了水,还混合了一些咸味物质,这些咸味物质是在反应过程中由醋里的红色食用色素和一点人工香料形成的。

4.有什么用?

正是借助类似这样的化学反应,我们才能够在水返回自然界之前,借助污水净化站清除掉水里的某些有害物质。

第三章

水，就是生命

地球，是目前已知的太阳系中唯一有生命的星球，也是目前已知的唯一能找到三种形态（液态、气态和固态）的水的星球。

水，也是生命有机体必不可少的组成物质，它构成了我们身体的一部分。一个体重70千克的人，身体里大约含有45升的水，还有一些生物，比如水母，体内水的占比则高达98%！

水，是一种对生命来说至关重要的物质。

水保证了我们体内组织器官的良好运转：由于其具有流动性，水可以自如流动，由于其具有溶解能力，水可以为我们的细胞输送要维持细胞正常运转所需的物质，而且水还可以把细胞及组织等产生的废物运送并排到体外。为此，我们体内的水必须不停地更新。这就是为什么，想要活着，我们就必须像其他生命有机体那样经常补（喝）水。

没有水，生命就不会在我们的星球上出现，更无法存活。水在地球形成的早期就已经存在了，而且对生命的出现起到了决定性的作用。最早的生命形式就出现在水里，经过数百万年的演化，其他一些生命形式才踏上了坚固的陆地，慢慢发展起来。

在本章中，我们将了解到水在生命的出现和延续中扮演的不同角色：水作为关键构成物质，在不同物种中所占的不同比例；水作为环境因素，为环境中物种的生存提供的必要条件（食物、呼吸、繁殖地……）。我们还将了解到水的某些特性，比如透明性，可以让阳光照进水中，为水生动植物群落和其他水生生物营造出适合生存的环境；溶解空气的能力，可以让鱼类呼吸；传导声波的能力，可以让鲸、海豚和其他物种进行远距离交流，这种交流对于这些物种的繁衍至关重要。

01 生命体中的水

动物喝水，植物从土壤中吸取水分。
这些被喝下去或吸收的水变成了什么样子呢？

1.需要什么？

半个西红柿

几片生菜叶

一小块肉

一个烤盘

一个烤箱

一个厨用秤

一支铅笔

一张纸

2.做什么？

这个实验需要在成年人的陪同下完成。

1 分别称一称半个西红柿、三片生菜叶和肉块的重量，把称得的重量记录在纸上。

2 把三种食物放在烤盘里，请成年人把烤盘放进调至高温挡的烤箱。

3 等待30分钟，请成年人把烤盘从烤箱里拿出来并放凉。

4 重新称一称这些食物的重量。

食物在烤过之后的重量，是否跟没烤之前一样呢？

3.什么原理？

西红柿、生菜叶和肉块变轻啦!

这是因为，在加热之后，食物中所含的水分逸出，变成了**水蒸气**。
失去了水分，食物也就失去了一部分重量。
如果我们继续实验，直到食物失去所有的水分，那么：

• 一个100克的大西红柿，重量将只剩下9克。

• 一棵100克的生菜，重量将不会超过5克。

• 一块100克的肉，重量将只剩下40克!

4.有什么用？

水，是生命不可缺少的物质。水为整个身体输送所需的养分，并带走体内的废物。一个体重40千克的人，体内含有26升的水，其重量相当于体重的三分之二! 生态学家（研究自然界生命体之间的关系的人）计算过地球上所有生命体（植物、动物、人类）内所含的水量：一千万亿（1 000 000 000 000 000）升! 这相当于地球上所有河流水量的一半。

02 吸水器

人们常说"阳光总在风雨后"。

天气干燥的时候，土壤也会变干。

那么，花朵是否需要等到再次下雨时才能喝到水呢？

1.需要什么？

自来水

土

三个透明塑料杯

一把咖啡勺

一把圆规

一个浅盘

一张纸巾

2.做什么？

1 请一位成年人用圆规尖在每个塑料杯的底部扎两个小洞。用咖啡勺在塑料杯里装满土。

2 用手指把其中一个塑料杯里的土压实，把第二个塑料杯里的土稍稍压实，只要在地板上顿一顿就可以了，第三个塑料杯原封不动。做完这一步之后，三个塑料杯中的土都应达到杯口的高度。

3 剪下三小块纸巾，分别放在三个塑料杯上。

4 在浅盘中放满水，然后同时把三个塑料杯放进盘中。等待几秒钟。

你观察到了什么变化？

3.什么原理?

纸巾被浸湿了：高处的土把水分吸了上来。水能向上攀爬，是因为它附着在土粒上，并且穿过了土粒。这种拖拽水的力，是由毛细作用产生的力。

土要稍微压实一些，水才能迅速上升，因为这样一来，水距离它要附着的土粒会比较近。但土又不能压得太实——如果土里的孔隙过紧，水到达顶部需要穿过的路程就会过长。你瞧，这就是为什么在表面土壤含水量极少的情况下，植物依然能够通过根部喝到水。

我们利用水的毛细作用，可以让盆栽植物时时刻刻都能喝到水。把花盆放在一个盛满水的托盘里，托盘里的水会上升到土壤里，到达植物的根部。土壤中水的毛细上升，在自然界和农业灌溉中扮演了重要的角色。为了充分发挥毛细作用，土壤的颗粒必须足够细，间距不能过大也不能过小。园丁翻锄土地，是为了给土壤透气，更利于产生毛细现象，这样就可以不那么频繁地浇水了。

4.有什么用?

03 植物的根有什么作用？

根能让植物稳稳地扎在土壤之中，不会倒伏。

除此之外，根还有别的作用吗？

1.需要什么？

两个玻璃杯

自来水

一把咖啡勺

厨房纸巾

森林里的土
（没有狗或猫的小便）

盐

2.做什么？

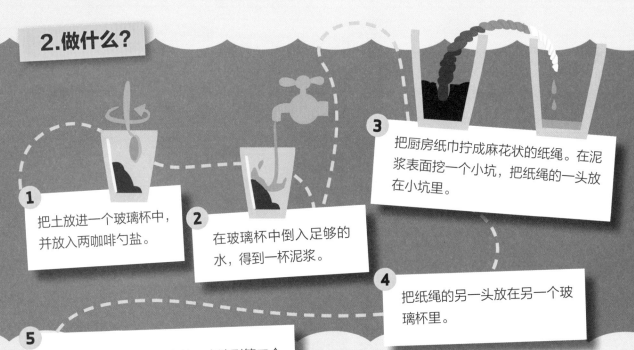

1 把土放进一个玻璃杯中，并放入两咖啡勺盐。

2 在玻璃杯中倒入足够的水，得到一杯泥浆。

3 把厨房纸巾拧成麻花状的纸绳。在泥浆表面挖一个小坑，把纸绳的一头放在小坑里。

4 把纸绳的另一头放在另一个玻璃杯里。

5 等待一个小时，用手指蘸一点流到第二个玻璃杯里的水尝一尝。

这水是什么味道？

3.什么原理？

纸吸收了土里的水分，这部分水通过一点一点把纸绳浸湿的方式，一路旅行到了空的玻璃杯处，并滴淌在这个杯子里。在这段旅途中，水拖拽上了所有能够通过纸纤维上细小孔洞的物质。这就是为什么第二个玻璃杯里没有土，但是会有盐，因为盐溶解在了水里。

根的作用是吸收土壤中的水分，植物需要吸收土壤中的矿物质养分才能存活。如果在实验中使用了被宠物造访过的土壤，它们的尿液也会通过纸绳，那么第二个玻璃杯里的水尝起来味道就不怎么样了。

4.有什么用？

土壤中的水溶解了很多矿物质。在从土壤中汲取水分时，植物的根就像麻花纸绳一样，也吸取了水中的盐分（矿物质）。随后，植物会吸取这些它们赖以生存的盐分。接下来，食用这些植物的动物会再次吸取并转化这些盐分。而动物和植物在死去之后，会被居住在土壤里的微生物分解。这样一来，矿物质就回到了土壤中。

04 谁能在水下呼吸？

空气中含有气态形式的水——水蒸气。

鲜为人知的是，水中也含有气态形式的空气。

一条河里的水，是如何"吞下"空气的呢？

1.需要什么？

两个玻璃杯　　　一个水槽

2.做什么？

1 用细小的水流慢慢地接一杯水，然后把杯子放在水槽边。

2 边等待边观察三分钟。开大水龙头，接满第二个玻璃杯。

3 把第二个玻璃杯放在第一个玻璃杯的旁边，关上水龙头。

比较两个玻璃杯中的水。

3.什么原理？

观察第一个玻璃杯，起初有细小的气泡升到水面上。三分钟之后，在静止的水中几乎看不到气泡了。

自来水在落入杯中时，只要流量够大，就会混着空气一起淌落。这些空气以细小气泡的形式混入杯中的水里，此外，还有一些微小的气泡是用肉眼无法看到的。这些气泡里所含的空气由此就留在了水中。同样，激流中的水也会混入空气。

观察第二个玻璃杯，起初有数以百计的细小气泡似乎在来回浮动着，一些气泡浮到了水面上，另一些还没到水面就消失不见了。

4.有什么用？

在地球表面所有的水中，尤其是水流激荡的水域，动物都可以找到并呼吸溶解在水中的空气。湖泊、池塘和沼泽必须定期清除污泥，因为里面的水静止不动，而且沉淀了很多泥土。生长在水中的植物，死后会沉入水底，并被细菌分解，在此过程中会消耗掉水中的氧气。水越深，氧气就越少。随着湖泊里的氧气越来越少，能够在水中生活的动物也越来越少。

05 在空气中窒息?

鱼类用鳃来呼吸溶解在水中的氧气。
空气中也有氧气。
那为什么鱼不待在水里就会死掉呢?

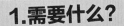

1.需要什么?

一本废旧杂志

一个放满水
的浴缸

2.做什么?

1 用手指抓住书脊,把
杂志放入水中并不停
抖动,让杂志湿透。

2 把杂志从水里拿出
来,再次抖动。

你注意到了什么?

3.什么原理？

当你在水下晃动杂志时，书页会漂动，而且很容易分开。出水之后，书页则粘在了一起。这是因为，在浴缸里，杂志的书页会被水托起，并朝着不同的方向漂动。

相反，杂志一出水，书页就失去了支撑。书页上粘的水令书页粘在了一起，书页的重量则把书页向下拖拽。

4.有什么用？

鱼鳃是由极细的鳃丝构成的，在鳃丝上分布着大量毛细血管，可以进行气体交换。鱼出了水就会窒息，是因为这些鳃丝一旦失去了水的支撑，就会相互粘连，就像实验中杂志的书页那样。只有为数很少的几种鱼（比如肺鱼），除了鳃之外还拥有一个可以在水外呼吸的原始肺。这些鱼反映了水生生物和陆生生物的中间状态。在非洲的干旱时期，肺鱼会钻进淤泥里用肺呼吸，等待着水的再次出现。

06 蜘蛛的水肺气瓶

某些种类的蜘蛛征服了水下世界。

这些蜘蛛在水里捕食，在水里繁殖，却无法到水面上呼吸。

水蛛，是一种找到了偷懒诀窍的蜘蛛。

是什么诀窍呢？

1.需要什么？

一根吸管

一个装有一半水的盆

4个鹅卵石

一块软布（或一块小手帕）

2.做什么？

1 把布放在盆底，并把鹅卵石放在布的四个角上。

2 用吸管往布的下面吹气。

你观察到了什么？

3.什么原理?

一个巨大的气泡形成了。空气被困在了布的下面。所以,在特定条件下,是可以在水下随身携带空气的,而无须使用密封容器,比如水肺气瓶或古老的铸铁潜水钟。

4.有什么用?

节肢动物(昆虫、甲壳类动物、蜘蛛)出现在约5亿7 000万年前。它们曾是海洋的统治者,在大约4亿5 000万年前又占领了陆地。这些节肢动物虽然适应了陆地生活,但某些种类,比如水蛛,又重新回到了水下世界。水蛛的肺无法在水里呼吸,但它腹部的茸毛却能够保存一部分在水面获得的空气。于是,水蛛就会在水里织的蛛网下面放置一个气泡,水蛛就在这个可以让它呼吸的气泡里生活。还有一些昆虫也进化出了可以在水下呼吸的方法,比如蚊子的幼虫拥有可以伸出水面的呼吸管。

07 水下传音

两头相隔几千米远的鲸鱼是如何交流的呢？

1.需要什么？

两个气球　　　　一张桌子　　　　自来水

2.做什么？

1 吹起一个气球，把气球嘴扎起来。

2 把第二个气球套在水龙头上，灌满水，尽量让这个气球变得跟第一个气球一样鼓。把灌水气球的气球嘴也扎起来。

3 隔着装有空气的气球，听一听你的手指敲击桌面的声音。然后再隔着装有水的气球，听一听你的手指敲击桌面的声音。

隔着哪个气球听到的手指敲击桌面的声音更清楚？

3.什么原理?

隔着装满水的气球听到的声音更清楚!

声音能传到我们的耳朵里,是因为它使我们周围的空气产生了振动。空气是由相距甚远的微小粒子和分子构成的,而水分子的间距更近,所以能够更好地传播这种振动。

4.有什么用?

正是因为水对声音的传导要好于空气,海豚或鲸鱼才能在相隔几千米的情况下交谈(这在空气中是不可能的)。

08 神奇的兔子

水是透明的。

那么，水透光的方式，跟我们周围的空气透光的方式是一样的吗？

1.需要什么？

一个不透明的蛋糕盘　　一块2厘米长的纸片　　几支彩色铅笔　　胶水

2.做什么？

这个实验需要几位朋友协助完成。

2
让你的朋友退到看不到兔子的地方。然后慢慢把水倒入盘中。

1
在纸片上画一只兔子，然后把纸片粘在蛋糕盘的底部，放在桌子上。

3.什么原理？

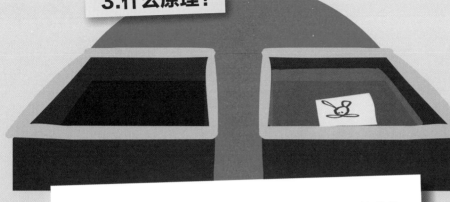

当蛋糕盘里的水达到一定的高度时，兔子重新出现在了观察者的视线中。但是，兔子并没有移动。

我们之所以能够看到兔子以及周围的一切，是因为物体反射了光，一部分光穿过空气到达我们的双眼。当光斜着由水中射入空气（或是由空气射入水中），它就会发生折射。正是这种折射，让观察者在纸片没有移动的情况下重新看到了兔子……

4.有什么用？

在水面上捕食昆虫的鱼，必须在跃出水面之前"掐算"好时间。实际上，鱼只有处在猎物的正下方时，才能看到猎物的准确位置。

09 占领沼泽

微型绿藻的身影遍布海洋和沼泽。
它们是如何迅速繁殖的呢？

1.需要什么？

三个玻璃罐头瓶
（或三个大玻璃杯）

自来水

为其中一个罐头瓶准
备一个密封瓶盖
（或食品保鲜膜）

肥料
（可以到园艺店
里购买）

2.做什么？

1 在三个罐头瓶里装满
水，其中一个用密封
瓶盖盖起来。

2 在一个敞开的罐
头瓶里撒一点儿
肥料。

3 把三个罐头瓶在阳光
下放几天。

你观察到了什么变化？

3.什么原理？

有盖的罐头瓶里没有发生任何变化。相反，在另外两个敞开的罐头瓶里，出现了细小的绿藻，尤其是在撒了肥料的罐头瓶里。与空气的接触让绿藻在罐头瓶里安了家，这是因为空气带来了绿藻的种子：孢子。

在遇到有利的环境时，这些细小无比的微粒就会开始生长。与水发生接触后，这些绿藻在阳光照耀下在罐头瓶里迅速繁殖起来。而肥料为绿藻提供了促进生长的养分，因此撒了肥料的罐头瓶中的绿藻生长得更快。

4.有什么用？

细菌和单细胞藻类，是地球上最早出现的生命形式。这些生物由一个具有供养和繁殖功能的细胞构成。单细胞藻类通过增大体积，并经由1个细胞分裂为2个细胞的方式进行"繁殖"：1个细胞变成了2个新的细胞，这2个细胞又变成4个细胞，然后是8个，再然后是16个，以此类推。这些小小的藻类飞快地繁殖，很快就占领了所到之处：干净明亮的鱼缸若是不好好打理，缸壁上很快就会长满藻类。

10 干海绵，湿海绵

在修建高速公路或铁路时，有时需要排干沼泽地。

这是一种明智的做法吗？

1.需要什么？

一块案板

10条橡皮泥

两块干燥的海绵

一个水槽

2.做什么？

3 借助橡皮泥条把海绵固定好之后，把案板斜放在水槽里，打开水龙头，让水在案板上流淌。

2 用水把一块海绵浸湿，另一块海绵保持干燥。把两块海绵分别放在两排橡皮泥条的旁边。

1 按照图中所示，把橡皮泥条放在案板上，注意保持一定的间距。

仔细观察。

你注意到了什么？

3.什么原理？

由此可以看出，潮湿海绵的吸水性比干燥海绵的吸水性好。这是因为，水在进入干燥的海绵之前，必须赶走海绵里的空气；而潮湿的海绵里已经有一些水了，因此更容易拦截水流。

放着干燥海绵的一边被水淹没了！相反，潮湿的海绵则阻止了水的溢出。

4.有什么用？

跟海绵一样，一块潮湿的土地可以喝下更多的水，因此比同一块土地在干燥时更容易吸收在地面上流淌的水。沼泽地往往汇集了大量来自降雨或河流的水，就像实验中浸湿的海绵那样。如果我们把这些水排干，沼泽地就再也无法留住水了，周边地区就更容易发生水灾。湿地还是很多水鸟和鱼类栖息、捕猎、繁殖或越冬的地方，两栖动物的繁殖也必须在水中进行。

第四章

海洋，一个有待发现的世界

海洋覆盖了地球表面约三分之二的面积（约71%）；距今约40亿年前，地球开始慢慢变冷，大气中的水蒸气凝结成雨，降落到地表，渐渐形成了海洋。正是在这片水域中，演化出了前生命化合物，进而形成了越来越复杂的化合物，最终经过逾10亿年的变迁，形成了最初的生命形式；这些生命形式继续演变，形成了现在地球上所有的物种。大气中绝大部分的氧气（约80%），都是由海洋中的藻类通过光合作用释放出来的。

海洋，对保持我们这个星球的物理化学平衡发挥着重要的作用：海洋经由其中的藻类吸纳并回收了大量人类活动释放到大气中的二氧化碳；海洋还能够借助强大的热惯性（吸收巨大热量而保持温度稳定的能力；海洋储存热量的能力是大气的1 200倍）令气候变得温和，从而促进热量调节。

海洋，还是一个有待探索的美妙世界：海洋提供的居住空间是陆地居住空间的300倍，平均深度约为3 800米，最深处可达11 000米（马里亚纳海沟）。海洋世界蕴藏着丰富的生物多样性资源，是数以十亿计的人类赖以为生的根本。

在本章中，我们将一起去探索美妙无比的海洋世界，去了解发生在海洋里的各种现象和事件：为什么海水是咸的，是什么引发了潮汐和洋流，如何确定海底地形的起伏，如何测量海洋的深度，污染和气候变化对海洋造成了哪些影响……海洋世界容纳了源自空气、河流、海滨或直接来自大海（钻井、石油运输和采砂等活动）的大量污染物。我们还需要警惕并对抗海洋中"死亡地带"的形成，这些地带因为不同形式的污染而成为含氧量不足的区域，对生活在其中的物种造成了威胁。

图片权利声明：

p. 73 (haut)：© DJTaylor/Shutterstock；(bas)：© Nickolay Vinokurov/Shutterstock；p. 75 (gauche)：© Fausto Renda/Shutterstock；(droite)：© Ariena/Shutterstock；p. 77 (gauche)：© MitarArt/Shutterstock；(droite)：© Ethan Daniels/Shutterstock；(bas)：© donvictorino/Shutterstock；p. 79：© Dhoxax/Shutterstock；p. 81 (gauche)：© Redchanka/Shutterstock；(droite)：© Matej Pavlansky/Shutterstock；p. 83：Korionov/Shutterstock；p. 85 (gauche)：© Tumarkin Igor - ITPS/Shutterstock；(droite)：© claudio zaccherini/Shutterstock；p. 87 (gauche)：© FCG/Shutterstock；(droite)：© Mrak.hr/Shutterstock；p. 89：© hecke61/Shutterstock；p. 91 (haut)：© Dmytro Pylypenko/Shutterstock；(bas)：© Evgeny Kovalev sbp/Shutterstock

01 为什么海水没有变得更咸？

一直以来，河流都从土壤中汲取盐分，并把它们带到海洋中。

可这样一来，今天的海水不是应该更咸吗？

1.需要什么？

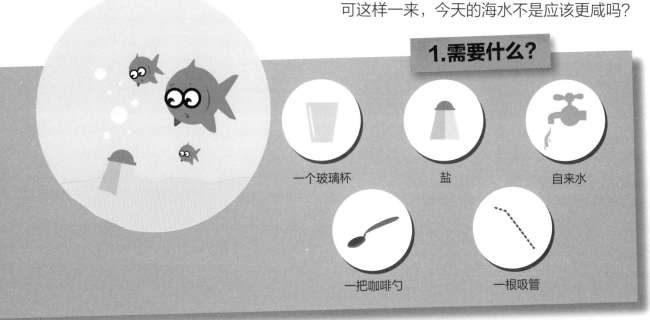

一个玻璃杯

盐

自来水

一把咖啡勺

一根吸管

2.做什么？

2 在水里加一小把盐，然后把咖啡勺平放在杯口上。

3 用吸管把盐搅匀。看看勺内，然后舔一下。

1 往玻璃杯中注入水，水面距离杯口三厘米。

发生了什么？

3.什么原理？

海洋里的一部分溶解气体溢出成为微小的气泡，气泡会在水面炸裂开来（就像含气饮料中的气体）。通过炸裂，气泡把盐的微型结晶体和其他一些被称为"痕量元素"的物质抛掷到空气中。这些盐的结晶体会被风带到陆地上，有时可以到达很远的地方。我们把这些飘浮在空气中、肉眼无法看到的物质称为"气溶胶"，意思是"分散在空气中的固体"。**海洋就是这样失去盐分的！**

勺内又湿又咸！放入水中的盐粒溶化成了肉眼无法看到的微型颗粒。当水被搅动时，水里的一部分气体溢出，变成小气泡上升到水面并炸裂开来，把水和盐释放到空气中，这些水和盐在碰到勺子时就附着在了上面。

4.有什么用？

海洋中的盐分来自海底火山。研究古老岩石的地质学家们认为，在经历了数十亿年的岁月变迁之后，海洋中盐分的含量并没有发生太大的变化。这简直再好不过了！因为，如果海洋里的盐分过多的话，就很少有动物和植物能够在那里生存了。海洋中的**盐分和痕量元素**随风散布，可以让一部分土地变得肥沃，并生长出越来越多的植物，然后是动物，比如海边的沙丘以及一些远离海洋、诞生在沙地里的森林。一小部分来自海洋的盐分，又会被河流带回海洋。

02 在哪里游泳最容易漂起来？

为什么躺在海里要比在湖里或游泳池里更容易漂浮呢？

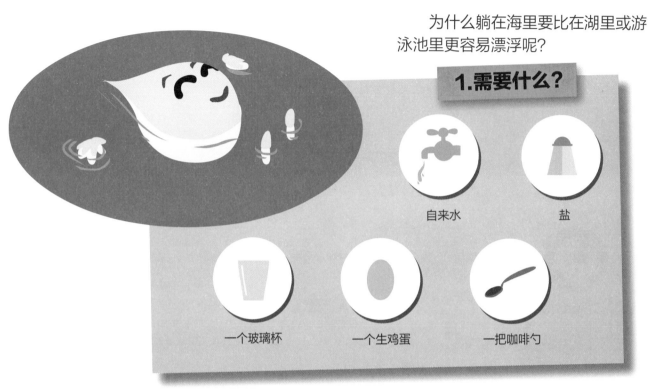

1.需要什么？

自来水

盐

一个玻璃杯

一个生鸡蛋

一把咖啡勺

2.做什么？

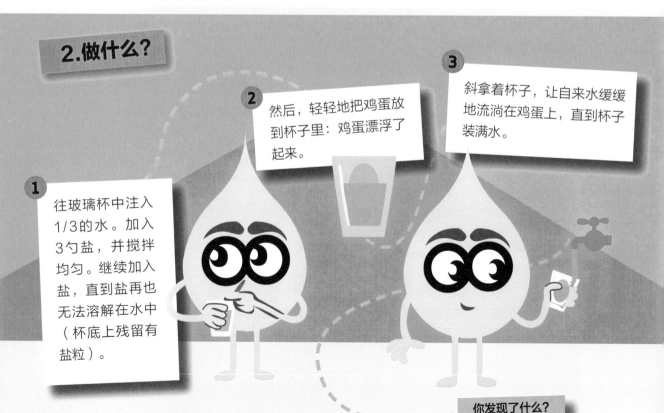

1 往玻璃杯中注入1/3的水。加入3勺盐，并搅拌均匀。继续加入盐，直到盐再也无法溶解在水中（杯底上残留有盐粒）。

2 然后，轻轻地把鸡蛋放到杯子里：鸡蛋漂浮了起来。

3 斜拿着杯子，让自来水缓缓地流淌在鸡蛋上，直到杯子装满水。

你发现了什么？

3.什么原理?

鸡蛋停留在杯子中淡水和咸水的中间，而淡水和咸水并没有混合在一起!

淡水+咸水　　　　淡水　　　　咸水

当我们把一个鸡蛋放入水中时，鸡蛋会把周围同等体积的水排开。**咸水的密度比淡水的密度大，**也就是说，与一个鸡蛋体积相同的咸水，要比相同体积的淡水重。实验操作表明，一个鸡蛋要比一个"淡水鸡蛋"重，但要比一个"咸水鸡蛋"轻。由于咸水的密度比鸡蛋的密度大，因此推动鸡蛋向上的力要比淡水的大。

发生在鸡蛋上的现象，也会发生在游泳的人身上：人在海里要比在湖里或游泳池里更容易仰面漂浮，因为咸水向上推动人体的力要比淡水的大。

4.有什么用?

地中海，是一片几近封闭的水域，海中的很多水都因为光照强烈蒸发掉了，地中海水中盐分的浓度因此而增加（每升水里含有38克盐，而大西洋则是每升35克）。当地中海的水和大西洋的水发生接触时，直布罗陀海峡有时就会出现一种奇异的现象：地中海的水形成一个**巨大的水泡**，这个水泡可以一路移动到爱尔兰的海岸。在那里，水泡依然不会跟海洋里的水混合，最主要的原因，就是水泡内外**的盐分浓度不同**。

03 深藏海底的地形起伏

如何测量海底的地形起伏？

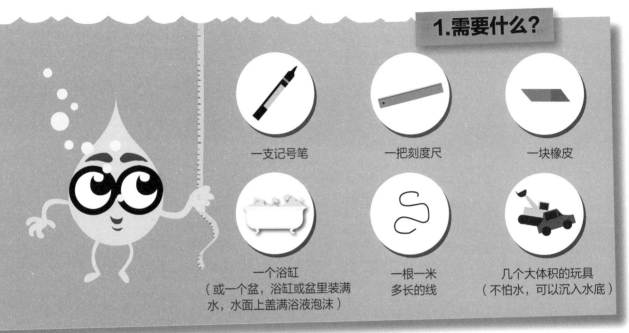

1.需要什么？

一支记号笔

一把刻度尺

一块橡皮

一个浴缸
（或一个盆，浴缸或盆里装满水，水面上盖满浴液泡沫）

一根一米多长的线

几个大体积的玩具
（不怕水，可以沉入水底）

2.做什么？

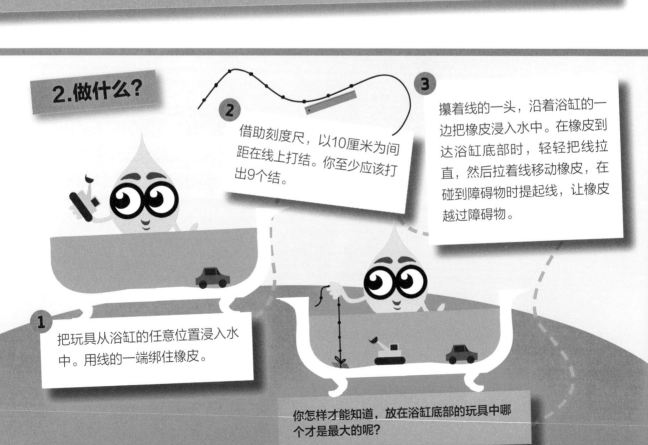

1 把玩具从浴缸的任意位置浸入水中。用线的一端绑住橡皮。

2 借助刻度尺，以10厘米为间距在线上打结。你至少应该打出9个结。

3 攥着线的一头，沿着浴缸的一边把橡皮浸入水中。在橡皮到达浴缸底部时，轻轻把线拉直，然后拉着线移动橡皮，在碰到障碍物时提起线，让橡皮越过障碍物。

你怎样才能知道，放在浴缸底部的玩具中哪个才是最大的呢？

3.什么原理？

数一数超过水面的线结的个数：露出水面的线结越多，橡皮碰到的障碍物就越大。通过这种方法，坐着小船就可以测量水较浅的海底或河底地形的起伏了。

4.有什么用？

水手们会通过放下缀有重物的绳索来测量海洋深度，这种方法首先应用于大西洋。通过这种方法，我们得到了最早的海底地形图，有时深度可达4 000多米。自20世纪下半叶开始，声波代替了绳索。地图测绘员向海底发射一道声波，并借助回波来测量声波返回所需的时间，时间越长，海水就越深。

04 气球上的潮汐

海岸时刻经受着潮汐的冲击，海水不断退去再返回。

是谁在吸引和推动海水呢？

1.需要什么？

一个气球

2.做什么？

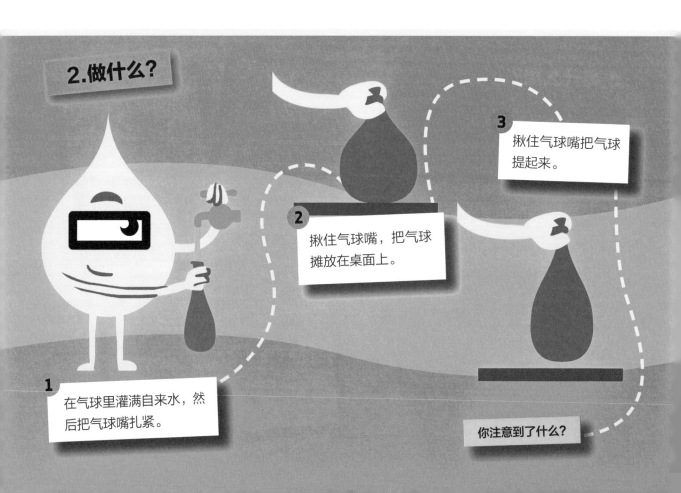

1 在气球里灌满自来水，然后把气球嘴扎紧。

2 揪住气球嘴，把气球摊放在桌面上。

3 揪住气球嘴把气球提起来。

你注意到了什么？

3.什么原理?

一开始较为滚圆的气球在摊放在桌面上时，会朝着四周伸展。吸引气球向下伸展的，是地球施加在气球上的**吸引力：重力**。而气球和气球中的水都是会变形的物质，就像一根橡皮筋。

这就是为什么气球在重力的吸引下会向下拉长。气球也会向上伸展，那是因为你的手在拽着它向上提。

4.有什么用?

就像气球受到地球引力的牵引一样，海洋也会受到地球引力的牵引，如果没有这种吸引力，海洋就会在地球周围形成一个球形的水泡。但海洋同时也受到了月球引力的牵引，这就导致海洋发生了变形。月球和地球还会相互吸引，月球同时还会吸引地球上的一切。我们感觉不到月球的引力，是因为地球对我们的引力要比月球的大得多。

但是，因为海水的量过于庞大，在月球引力的牵引下，会朝着月球的方向涨起。当海水在海洋的中心涨起时，周围的海岸就处于落潮的状态。除此之外，太阳对地球（以及环绕在地球周围的一切）也有引力，也会对潮汐产生影响，但太阳对海洋的引力没有月球那么强烈，所以，只有当太阳跟地球和月球排成一线的时候，太阳的引力才会体现出来：如果太阳和月球在两端，而地球在中间，太阳引力就会削弱潮汐的强度；如果太阳和月球位于地球同侧，潮汐就会变得更加猛烈，我们称之为"满潮"。

05 海洋里的阶梯

大陆上随处可见各种起伏：山峦、平原、海岸……
海洋里的海水也有这些高高低低的起伏吗？

1.需要什么？

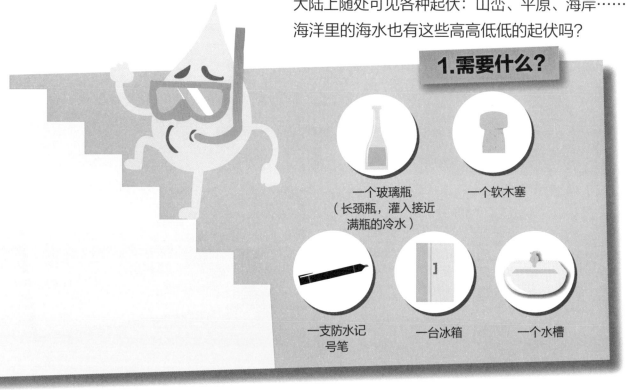

一个玻璃瓶
（长颈瓶，灌入接近
满瓶的冷水）

一个软木塞

一支防水记
号笔

一台冰箱

一个水槽

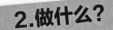

2.做什么？

1 用记号笔标记长颈瓶的水位。用软木塞塞住瓶口，然后把长颈瓶放进冰箱。

2 三个小时之后，从冰箱里拿出长颈瓶，对照记号笔的标记比较水位。

3 把塞着软木塞的长颈瓶静置一个小时。然后把长颈瓶放在水龙头下面用热水冲三分钟（小心不要烫到），在此期间，瓶口依然塞着软木塞。

水位跟之前一样吗？

3.什么原理？

从冰箱里取出时，瓶中的水位下降了；相反，在热水的冲刷下，水位上升了，而且超过了记号笔的标记！跟所有的物质一样，液态的水也会**膨胀**：水在受热时会占去更多的空间，而在冷却至4℃的过程中会收缩。低于4℃，水会再次膨胀，然后凝结成冰。

海洋里的水在流向赤道时，会因温暖的空气和太阳照射而变热，在流向两极时则变冷。所以，相较于较冷的潮水，较热的潮水会发生膨胀。当温度不同的两股潮水相遇时，我们就能观察到潮水的**起伏**：较热的海水高于较冷的海水。

4.有什么用？

热的洋流和冷的洋流会在海洋的表面形成几厘米到十几厘米的高度差，一些人造卫星可以测量到这些**洋流位差**。

测量洋流位差的目的，是为了了解海水的循环，以及这种循环在**气候变化**中所扮演的角色。如果气候变暖，海水的膨胀将会成为地势较低的海岸地区遭受水灾的首要原因。

06 沙拉盆里的你推我挤

来自赤道地区的热洋流朝着两极奔涌而去，令遥远海域的海水温度升高。是什么导致了这些水流的移动呢？

1.需要什么？

一个沙拉盆　　几小片铝箔　　一个水瓶

2.做什么？

2 把铝箔纸片浸入沙拉盆，让它们沉入水底。

3 沿着沙拉盆的边缘倒入瓶中的冷水。

1 往水瓶里灌入冷水，往沙拉盆里灌入热水（半盆）。

铝箔纸片发生了什么变化？

3.什么原理？

在冷水的反冲之下，铝箔片迅速升到了水面上。

水瓶里的水**更冷，密度更大**，也就是说比沙拉盆里的热水更"重"。当瓶子里的水被倒进沙拉盆里时，这股水会流到沙拉盆的盆底。在下降过程中，这股水会推动沙拉盆中的热水沿着碗底向碗边流动。

被推动的热水在到达沙拉盆的边缘时，会朝着水面上升，铝箔纸片便随之升到水面上。

4.有什么用？

在沙拉盆中出现的现象，在海洋中也同样存在。然而在海洋中，阻挡海水向外扩展的并不总是坚固的大陆，在海水流动过程中，阻挡它的可能是更为冰冷的海水。因此，北大西洋的海水会在北极圈附近被冷却，变得更重，沉到低纬度（靠近赤道）地区较为温暖的海水下面。

千百年来，这股冷却的海水在海洋深处流动，一直抵达印度洋和赤道地区的太平洋海域。在这两个区域，这股海水因受热而升至海洋表面，并沿着和来时相同的路径向大西洋回流。在两千年的时间里，这股巨大的洋流一直如此循环往复。这种运动永无止息，我们总是能感受到它们的影响。

07 迷你海啸

当上涨的潮水遇到奔向大海的河水时，会发生什么呢？

1.需要什么？

一个装有水的椭圆形烤盘

一个水槽

一块比烤盘略窄的木板

2.做什么？

1 把烤盘斜着放进水槽里，倾斜到烤盘高的一端几乎没有水的程度。

2 打开水龙头，让自来水缓缓地流淌在烤盘没有水的一边，把木板垂直浸入烤盘水最满的一边，沿着烤盘底部，朝着烤盘水最浅的那一边推动木板。

你观察到了什么？

3.什么原理?

木板的移动制造出了一道波浪。在推动木板向前移动时,木板截留住了一部分水,当木板越过烤盘的中线再往前推进时,由于烤盘的宽度越来越小,被木板截留住的水所占据的横向空间也变小了。这就导致水向上升起,就好像我们在挤压一个塑料瓶时,瓶子里的水也同样受到了挤压。于是,木板就使位于水龙头和木板之间的水的水位升高了。

烤盘里就好像有一堵水墙在移动!

4.有什么用?

我们可以把水龙头里的细水流看作一条河,把烤盘里的水看作海水。对于涌向岸边的海水而言,若一些河流的河口边缘迅速收拢,而河底则在短距离内升高,有时会令海水升高至远远超出河流水位的高度,我们把这种现象叫作"涌潮"。中国的船工可以利用高达8米的钱塘江涌潮顺江水而上。海洋潮汐储藏的能量非常惊人,在一些特定的地点,这些能量可以推动涡轮机发电,比如法国布列塔尼地区兰斯(Rance)的潮汐发电站。过去,有的磨坊主还利用潮汐来研磨粮食。

08 越重越不容易沉？

为什么船只在空载时需要压舱物？

1.需要什么？

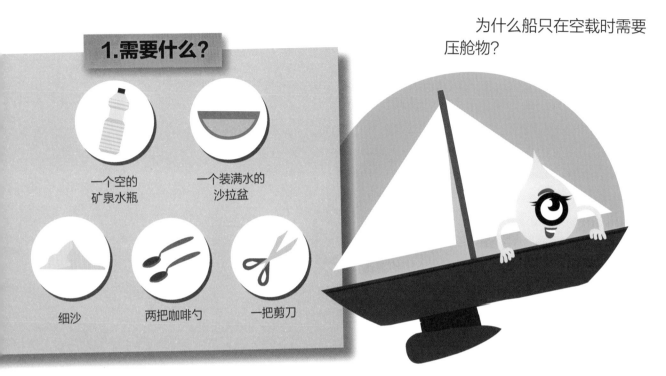

一个空的
矿泉水瓶

一个装满水的
沙拉盆

细沙

两把咖啡勺

一把剪刀

2.做什么？

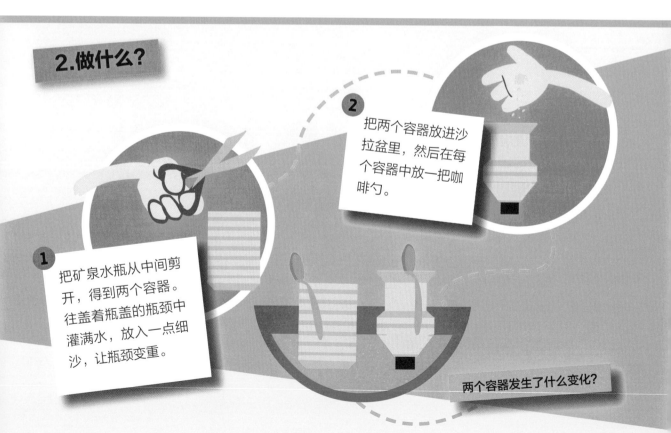

2 把两个容器放进沙拉盆里，然后在每个容器中放一把咖啡勺。

1 把矿泉水瓶从中间剪开，得到两个容器。往盖着瓶盖的瓶颈中灌满水，放入一点细沙，让瓶颈变重。

两个容器发生了什么变化？

3.什么原理?

我们所说的"重心",就是一个平衡点。比如,一把20厘米的刻度尺,我们把手指托在10厘米的地方(刻度尺重心所在的位置),就可以让刻度尺保持平衡。而在一艘船上,船的重心越低,稳定性就越好。

有细沙的容器(也就是有瓶颈的容器)比平底的容器更不容易倾倒。在平底的容器中,咖啡勺转移了容器的重心,容器因此**失去平衡**。而有细沙的容器重心低,即便咖啡勺转移了**重心**,容器也更容易保持平衡。

4.有什么用?

水手从来不会把沉重的货物堆放在船只的高处,否则如果船体出现倾斜,那么货物的重量就会让船只倾覆。因此,船上最重的物品,比如发动机和货物,总是放在船只的底部。这样,船只在遭遇风浪时就更加稳当了。同理,当船把货物卸下后,就需要在船舱中装入压舱物,比如水、沙土,以降低船的重心,增强船只稳定性。

09 清除石油

如何清理泄漏的石油？

1.需要什么？

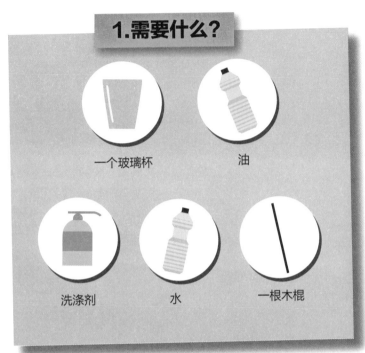

一个玻璃杯　　　　油

洗涤剂　　　水　　　一根木棍

2.做什么？

1 在玻璃杯中倒入半杯水，然后在水面上倒一层油。

2 用木棍将杯中的液体搅拌均匀。

你观察到了什么？

3 在杯子里挤一些洗涤剂。

4 再次搅拌均匀。

杯子里发生了什么？

3.什么原理?

在杯中加入洗涤剂之前,漂浮在水面上的油没有与水混合。在搅拌油和水时,出现了气泡,然后一切又恢复了原样。相反,在搅拌油、水和洗涤剂时,大量小气泡出现了,并一直悬浮在水中。

因此,洗涤剂会令油分散成小泡,并无法再聚拢。水和油无法混合在一起,而洗涤剂则分成两部分:一部分与水混合,一部分与油混合。正是因为这样,我们在搅拌的时候,洗涤剂形成了**一层包裹在油泡四周的薄膜**。这些油泡与水粘连在一起,无法再重新聚拢。

4.有什么用?

处理石油泄漏的方法之一,就是借助类似洗涤剂的产品,把石油**分散**成无数的小油泡。这样一来,小油泡相互分离,就不会在海洋生物的上方形成一层密封盖了。四散开来的石油泡会弄脏范围更广的海域,但危害性会变小,因为水下的动植物可以呼吸来自大气并锁在水中气泡里的氧气。如果水面覆盖了一层黏稠度很高的石油,这层石油就会阻挡空气进入水下,水里的生物就有可能**窒息而死**……

但这种方式只能用来清除漂浮在水面上、面积小、黏稠度低的石油层。如果石油过于黏稠而无法散开,我们就会用浮筒把石油圈起来,或是用水泵把石油抽走,而剩下的石油最终会沉到水底。在这种情况下,清除工作会变得异常困难,而且耗资巨大。

10 冰山、浮冰与冰川

我们常常会谈起气候变暖。气候变暖会引起冰山和冰川融化。如果所有的冰都融化了，是否会导致海洋水位上升呢？

1.需要什么？

两个玻璃杯

两个盘子

热水

橡皮泥

4个冰块

一本书

一把塑料直尺

2.做什么？

1 在一个玻璃杯中放三个冰块，然后往杯中倒满热水。把杯子放在一个盘子里。

2 在另一个玻璃杯中倒满热水，然后把杯子放在第二个盘子里。在尺子上粘一点橡皮泥，把尺子架在书和这个杯子的中间，把最后一个冰块顶在橡皮泥的上方（如图）。

3 等待所有的冰块融化。

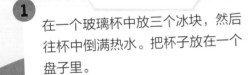

哪个杯子失去的水最多？

3.什么原理?

出人意料：第一个杯子里的水没有漫出来，但是第二个杯子里的水漫出来了！

在第一个玻璃杯中，冰块和水一起占据了杯子，而冰块在融化时所占的空间要比在凝固时所占的空间少，所以水位没有上升（甚至还可能下降了一点儿）。在第二个已经倒满了水的玻璃杯中，冰块融化出的水加入到原来的水中，结果导致漫杯。

4.有什么用?

如果地球的气候变暖只融化了本来就在水里的冰山和浮冰，海洋的水位就不会上升（类似在第一个玻璃杯中发生的情况）。相反，如果气候变暖导致格陵兰岛和南极的冰川融化，就会导致海洋水量增加，因为这些冰川所含的水量要远远高于山脉冰川所含的水量。这样一来，海水就会升高，甚至淹没大地。不过，此时引起海洋水位上升的首要原因，将会是海水的受热膨胀。